图书在版编目（CIP）数据

咚咚咚，敲响编程的门.1,编程原来是这样的 /(韩)崔玉任著;(韩)洪基汉绘;程金萍译.— 青岛：青岛出版社,2020.7

ISBN 978-7-5552-9284-5

Ⅰ.①咚… Ⅱ.①崔… ②洪… ③程… Ⅲ.①程序设计－儿童读物 Ⅳ.①TP311.1-49

中国版本图书馆CIP数据核字(2020)第116726号

山东省版权局著作权合同登记号　图字：15-2020-200

书　　名	咚咚咚，敲响编程的门①：编程原来是这样的
著　　者	[韩] 崔玉任
绘　　者	[韩] 洪基汉
译　　者	程金萍
出版发行	青岛出版社
社　　址	青岛市海尔路182号（266061）
本社网址	http://www.qdpub.com
邮购电话	0532-68068091
责任编辑	王建红
美术编辑	于　洁　李兰香
版权编辑	张佳琳
印　　刷	青岛乐喜力科技发展有限公司
出版日期	2020年7月第1版　2020年7月第1次印刷
开　　本	16开（889mm×1194mm）
印　　张	17.5
字　　数	210千
书　　号	ISBN 978-7-5552-9284-5
定　　价	182.00元（全7册）

编校印装质量、盗版监督服务电话 4006532017　0532-68068638
建议陈列类别：少儿科普

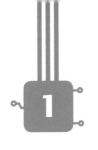

咚咚咚，敲响编程的门

编程原来是这样的

[韩] 崔玉任 / 著
[韩] 洪基汉 / 绘
程金萍 / 译

青岛出版社
QINGDAO PUBLISHING HOUSE

百货超市的经理做事不仅干净利落，还追求完美：超市的地面总是一尘不染，清洁光滑；超市里摆满了各种机器，但从没有一个出过故障……

每天早晨，经理都会仔仔细细地查看超市每一层的每一个角落。只有当他说出"完美"这两个字时，整个超市的检查工作才算完成。

这天早上，当他检查到7楼时，一切都还是完美的。

然而到了8楼，意外却发生了。

一个职员气喘吁吁地跑过来，大声喊道："经理，出大事了！自动售货机在不停地往外吐罐装饮料，而且怎么也停不下来！"

"什么？这到底是怎么回事？"经理惊讶地张大了嘴巴。

经理说着说着停下来，一边擦脸上的汗，一边自言自语道："怎么这么热啊？难道是空调出故障了？"

正如经理所料，此时空调正往外吹热风。要知道，现在可是一年中最热的时候。

经理一下子慌了神，他急得直跺脚：
"超市马上就要开门了，这可怎么办？"

经理冷静了一会儿，打算乘坐电梯去
空调控制室查看一下。

可是，电梯门不停地开了又关，关了
又开……

经理顿时火冒三丈："什么情况？怎
么突然之间都出故障了？"

　　经理立刻紧急召集所有管理人员，问道："今天到底是怎么回事？超市的故障一个接一个！"

　　设备管理人员结结巴巴地说道："应该不是设备发生了故障，而是软件的问题……还是呼叫Java超人吧，故障应该很快就可以排除……"

　　"软件是什么？"经理问道。

　　"软件在计算机里面，是一种无形的东西……"设备管理人员答道。

　　"那还等什么？赶快呼叫Java超人吧！"经理眉毛直竖，呼呼地喘着粗气。

　　没过多久，Java 超人身穿披风飞了过来。

　　"您好，请问您需要我……" Java 超人话还没说完，经理便急忙喊道："您就是 Java 超人吗？没时间跟您打招呼了。软件到底是什么？今天发生的故障竟然全出在它身上！"

　　"简单来说，如果把人比作计算机，**硬件**是人的身体，**软件**就是人的思想。" Java 超人解释道。

Java 超人依次检查了出故障的设备，说道："这些都是编程怪兽搞的鬼，它们破坏了很多软件。"

"编程怪兽？它们在哪儿呢？赶紧把它们抓起来！"经理急切地说。

"它们在那里面！"Java 超人指着计算机屏幕说道。

经理吃惊地张大了嘴巴："什么？它们在那台计算机里？没时间了，您快点儿去把它们抓起来！超市马上就要开门了。"

"要想快点抓住那些家伙，您得帮忙才行。"Java 超人调皮地眨眨眼睛。

"我？我能做什么呢？"没等经理说完，Java 超人便猛地按下了手腕上那块手表的按钮，然后一把抓住经理的手，喊道："没时间了，走，出发！"

一眨眼的工夫，Java 超人和经理就嗖的一下钻进了计算机里。

经理有些晕乎乎的，他冷静了一会儿，指着周围的字母和符号问："那些是什么啊？"

"那些是代码。计算机是听不懂人类语言的，因此，在让计算机执行某项任务时，需要按顺序编写一组计算机能识别的指令，可以用代码来表示，也可以用指令框的排列组合来表示，而这些指令的集合就是**程序**。"Java 超人解释道。

　　然后，Java超人递给经理一把光线枪，说道："一旦发现编程怪兽，您就用这把光线枪射击它。"

　　"我之前只玩过水枪……"经理虽然心里很紧张，也很害怕，但为了让超市顺利开门，他还是痛快地接过了光线枪。

　　突然，Java超人的位置追踪器出现了红色的信号。"发现编程怪兽了。经理，我们快走！"Java超人喊道。

他们快速来到位置追踪器显示的地方。
此时，一个长相凶恶的编程怪兽正兴奋地清除代码呢。

　　"编写程序，指挥计算机做各种事情，这个过程叫作**编程**。"Java超人说道，"正常情况下，计算机会严格按照编程的指令工作。这只编程怪兽应该是将自动售货机程序里的'投币'指令给删除了，才导致设备出了问题。"

　　"怪不得饮料罐会自己从自动售货机里弹出来。这个讨厌的家伙！"经理生气地用光线枪射击怪兽，可是遗憾的是，他总是打偏。

　　"嗖！""嗖！"编程怪兽龇牙咧嘴地将锤子扔向经理。

　　"快躲开！"Java超人迅速甩起披风，帮经理阻挡编程怪兽的袭击。

接下来，经理和Java超人不停地在代码上跳来跳去，躲避编程怪兽的袭击。

我得想办法迷惑编程怪兽，让它用锤子砸自己的脚。

"有了！"Java超人站在编程怪兽的面前，故意不停地做鬼脸来挑衅它。

编程怪兽果然上钩了！
它对Java超人紧追不舍，Java超人敏捷地跑来跑去，躲避袭击。

突然，Java超人故意一脚踩在了编程怪兽的脚上。

嗤！

哐当！

就在 Java 超人把脚拿开的一瞬间，只听"哐当！"一声，编程怪兽把锤子砸到了自己的脚上！

啪！

就是现在，快射击！

编程怪兽嗖的一下被吸进了光线枪里。
"抓到了一只！"经理开心地喊起来。

　　Java 超人修复好自动售货机的故障以后，马不停蹄地来到了下一个地方。

　　此时，一只草绿色的编程怪兽正不怀好意地大笑着："这样一来，温度肯定立马就上去了。到时候，人类会热晕吧？嘿嘿嘿……"

　　"那个家伙就是胡乱篡改数字的编程怪兽！"Java 超人一脸严肃，"因为它篡改了数字，把代码弄得一团糟，所以整个空调的程序完全乱套了。"

　　听到这些以后，经理攥紧拳头，气得直发抖。

Java 超人用手表投影出一些数字，那个编程怪兽果然咧着嘴跑了过来。

嗖！

就在编程怪兽专心致志地篡改数字时，经理拿起光线枪冲它射击。

Java 超人把空调的程序恢复到正常状态。

最后一个编程怪兽的身上带有龙卷风的标志。

Java 超人说道："那个编程怪兽最喜欢瞎编一些重复指令。编写指挥计算机工作的程序、制作操作系统的人，就是我们通常所说的**程序员**。而那个可恶的编程怪兽也自诩程序员，它到处编写重复指令。"

"啊，原来电梯门来来回回地开了又关，关了又开，都是那个家伙捣的鬼啊。"经理生气极了，他刚要用光线枪射击，Java 超人却突然拦住了他："等一下！如果光线枪没有击中它，我们也很有可能会被重复代码控制。"

"我去引开编程怪兽的注意力，你来用光线枪射击。"经理说道。

Java 超人还没来得及阻拦，经理就朝着编程怪兽跑了过去。

既然这只编程怪兽这么喜欢重复，那我就一直跳一模一样的舞。哈，果然有效！

突然，经理出现了失误，他不小心把舞蹈动作跳错了。

编程怪兽猛地举起经理，把他塞进了代码的缝隙里。

就在这紧要关头，Java超人出现了。只见他将光线枪举起来又放下，举起来又放下……重复这个动作，一步一步地靠近编程怪兽。

编程怪兽被Java超人的重复动作吸引住了，Java超人瞅准时机，猛地发射出了光线。

"哈，大功告成！"Java超人高兴地说。

随后，Java超人救出经理，同时重新编写了电梯的程序。

就这样，所有故障都排除了，Java 超人快速按下手表上的按钮，他和经理嗖的一下就回到了超市。

　　经理感觉像做了一场梦一样，但这肯定不是梦，因为光线枪里还困着那几只正在挣扎的编程怪兽呢。

"Java超人，真是太谢谢您了。现在，编程怪兽应该全都消灭干净了吧？"经理问道。

"超市里的机器中，大多数都装有经过编程的计算机。所以，编程怪兽很有可能还会出现。不过，只要它们一出现，您就呼叫我！"Java超人说完，嗖的一下消失了。

经理赶紧整理了一下自己的着装，来到了超市门口。他打开门，笑着迎接每一个来到超市的客人。

只见客人们一个个开开心心地走进了超市。

"嗯，今天也相当完美！"经理欣然一笑，向办公室走去。

这时，经理的手机里收到了一份表情包礼物。

"这形象怎么这么熟悉啊？！"他看着表情包，情不自禁地笑了起来。

程序的秘密

在我们的生活中，很多东西里面都安装有计算机，我们可以通过一步步地编写程序，指挥计算机达成我们的目标。

我们来看一下：身边有哪些东西是经过编程的呢？

路灯里面设置了这样的程序，在规定的时间或者天黑时，路灯就会自动亮起来。

自动感应灯里面也设置了程序，晚上一旦有人靠近它，它就会自动亮灯。

世界编程新闻

为什么必须推行编程教育？

"别光玩手机，去学编程吧。"

贝拉克·侯赛因·奥巴马（美国前总统）

"我认为这个国家的每个人都应该学习编程，因为它会教给你如何思考。"

史蒂夫·乔布斯（苹果公司创始人）

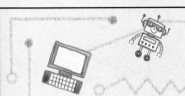

第四次工业革命

什么是第四次工业革命？

第四次工业革命，是以物联网、人工智能、大数据等技术为代表的新工业革命。第四次工业革命正在不断走向深入，它极大地改变了我们的生活。例如，人们可以在外面用手机控制家里的很多电子产品，而这都是物联网技术的功劳。此外，在工厂里，一些人工智能机器人正在逐步替代人类的角色。在第四次工业革命时代，人类从事的许多工作都将由人工智能机器人替代。

人类需要做什么事情呢？

人类需要做一些人工智能机器人做不到的事情。

那么，有哪些事情是人工智能机器人做不到的呢？

创新思维很重要！

人工智能机器人不具备创新思维，无法创造出新的事物。而人类具备创新思维，在一定条件下可以创造出全新的事物。我们之所以推行编程教育，也是为了利用逻辑思维来开发程序，研发人工智能，从而创造性地解决问题。在编程的过程中，人们通过反复尝试，从失败中汲取教训，不仅可以激发出更强的创造力，还能培养专注力、逻辑能力、分析能力、问题解决能力。小朋友们，为了迎接这个全新时代的挑战，快去学编程吧！